花　朵

[英]简·沃克◎著

[英]安·汤普森　贾斯汀·皮克　大卫·马歇尔　等◎绘

韩菁菁◎译

中国人口出版社
China Population Publishing House
全国百佳出版单位

前　言

　　从北冰洋到赤道，从高山到河谷，从森林到花园，在世界的每个角落，你都能发现各种各样的花朵。花朵色彩艳丽、气味芬芳，不仅吸引着你和我，还吸引着小昆虫、各种鸟类以及其他小动物。通过阅读本书，你将了解到花朵是植物的重要繁殖器官。你还可以根据本书的提示，做一些有趣的小实验，甚至尝试自己写花朵日记。你会发现很多关于花朵的奇趣真相，这不仅能增长你的见识，还会给你带来很多乐趣哟！

目 录

各种各样的花朵

紫荆花

花朵各种各样，它们的颜色不一、形状各异，大小也不一样。百合花和玫瑰花的花朵很大也很艳丽，一些小草和橡树的花朵则很小，很难被人察觉。花园中、灌木丛中、树上和草地上，到处都有花朵的踪影。花朵可以结出种子，种子能长出新的植物，所以花朵是帮助植物繁衍后代的重要器官。

开花

很多树都会开花，花的颜色缤纷多彩。樱桃树、苹果树和梨树等果树也会开花，它们的花会结出果实，果实里面藏着种子。

颜色和气味

风信子和玫瑰花色彩各异，气味芬芳。雪莲花和水仙花的花期较早，花朵的颜色通常是白色或黄色的。几乎所有向日葵都是黄色的，但是菊花和其他花朵都有黄色、橙色、红色及其他颜色。

洋甘菊

水仙花

水仙花的花期在春季，开花时很美丽。在古希腊神话中，有一名英俊而自负的年轻男子，他拒绝了许多姑娘的爱慕和表白。作为惩罚，这名男子被要求凝视自己的面容在水中的倒影，直到死去。后来，人们发现在这名男子死去的地方长出了一朵花，于是便以他的名字为这种花命名，称为水仙花。

看不见的花朵

野草和莎草等植物的花朵很难被察觉，因为这些花朵通常与植物的根、茎或者叶子的颜色一样或相近。柳树和杨树等植物的花朵其貌不扬，它们沿着花序轴着生，被统称为花序。这些花序都是一小簇一小簇的，纷纷从树枝上垂落下来。

野草

醉鱼草色彩绚丽，
气味芬芳，吸引蝴蝶落
在花朵上。

2

花朵的形状

花朵的形状千奇百怪，有钟状的，有星形的，有圆的，有扁的……有些花朵独生在茎部的顶端，比如百合花；有些花朵在一根茎上开出许多来，比如康乃馨；有些花朵从茎秆的底部一直长到顶部，比如鲁冰花和洋地黄。

轮状花冠

许多花瓣绕着花心生长，就像自行车车轮的轮辐一样，这种形状的花冠就叫轮状花冠。桂足香和金凤花的花冠都是轮状的，如果你把它们的花冠对半切开，就会得到2个一模一样的半花。

洋地黄呈顶生总状花序，花朵沿着茎秆密集丛生。

峨参

花簇

峨参的花簇生长在细长茎部的顶端，花朵小而密集，像一把小伞。蜜蜂和其他小昆虫喜欢栖息在这些花朵上面。海滨刺芹和海篷子的花朵也是这样一小簇一小簇的。

花朵的象征

在礼仪活动和文学作品中，花朵被赋予了特别的含义。新娘在结婚当天携带花朵，寓意爱情与甜蜜。百合花代表忠贞和纯洁，许多美丽的花都有花语，寄予了人们美好的期待和希望。

紫菀呈头状花序，同一花托上生长着许多无柄小花。

头状花序

向日葵和菊花看上去是一朵一朵的，实际上每个花托上面都聚集生长着许多无柄小花，看起来就像头部一样，这样的花序被称为头状花序。头状花序的植物有像蒲公英这样的，每朵小花看起来都像花瓣；也有像蓟这样的，花簇呈盘状。雏菊和紫菀的花序上既有花瓣状的花朵，也有盘状的小花。头状花序上的小花都能独立发育出种子。

花朵中有什么？

西番莲

　　相传，是西班牙的传教士在南美洲发现了西番莲（见上图）。

　　大部分花朵由 4 部分组成：花萼、花瓣、雄蕊和雌蕊。花萼通常是绿色的，看上去像小片叶子，它们的主要作用是保护花蕾、承托花冠。雄蕊是花朵的雄性生殖器官，作用是产生花粉。雌蕊是花朵的雌性生殖器官，通过吸附花粉孕育出新的种子。

制作干花和压花

　　你可以将勿忘我和薯草倒挂在阴暗的地方，使之风干变成干花。如果你想制作压花，请把它们放在 2 张纸中间，再压上重物。记得每天都要更换纸张，持续 2 周之后，压花就做好啦！干花和压花都可以保存较长时间，你可以把它们做成贺卡，作为礼物送给别人。

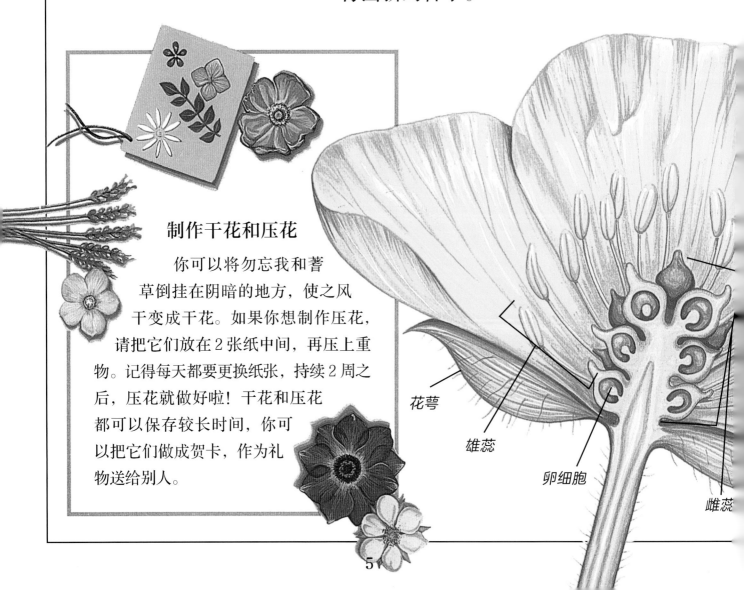

花萼

雄蕊

卵细胞

雌蕊

真假花瓣

一品红的苞叶鲜亮
绚丽，看起来像花瓣。

百合花和兰花的花萼很像花瓣。大多数铁线莲属植物的花朵没有花瓣，它们有 4 片花萼，大小和形状与花瓣相近。一品红花茎基部的叶子鲜红亮眼，常被误认为花瓣，这种大型叶片的作用是保护芽体，被称为苞叶。彩色海芋有多种颜色，它们的苞叶绚丽多彩，包裹着里面的穗状花序。

花萼的作用是保护花蕾，承托花冠。

花瓣

雄蕊和雌蕊

每朵花都有雄蕊或雌蕊，有些花同时含有雄蕊和雌蕊。大部分雄蕊都由细长的花丝和囊状的花药组成。花药位于花丝顶端，通常由 2~4 个花粉囊组成。雌蕊由 3 个部分组成：柱头有可以黏附花粉的黏液，花柱连接柱头和子房，子房中含有卵细胞。花粉落在柱头，通过花柱进入子房，与卵细胞结合发育成果实和种子。授粉后，柱头和花柱会逐渐枯萎、脱落。

花朵的繁殖

花朵的种子

有些花朵的种子，比如苹果花的种子，藏在新鲜的果实里；还有些花朵的种子，比如罂粟花的种子，储存在干燥的豆荚里。

对于开花植物而言，花粉必须从雄蕊传授到同种植物的雌蕊上，这个过程就是授粉。然后，花粉进入雌蕊的子房中，与里面的卵细胞结合，完成受精的过程，这就是花朵的繁殖。

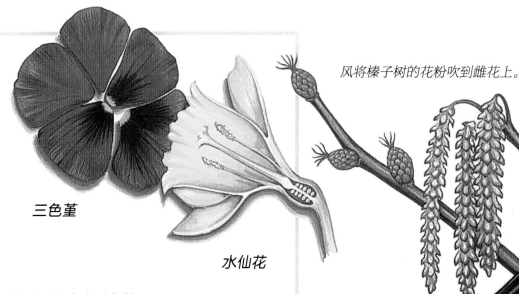

三色堇

水仙花

风将榛子树的花粉吹到雌花上。

花朵的内部结构

你近距离仔细观察过花朵的内部结构吗？你可以先征得管理员的同意，然后在花园中采摘一些花朵作为样本，用放大镜仔细观察它们的内部结构。你还可以在家长或老师的帮助下，把花朵切成两半。你能分辨出花朵的内部有什么不同的地方吗？是不是每朵花都有雄蕊和雌蕊呢？

种子的传播

种子只有离开母体植物，散落到其他地方，才能长出新的植株。有些植物的种子被风吹散，落到土壤中生根发芽。有些植物的种子藏在豆荚里，豆荚破裂后种子掉落出来，散落在地面上长出新的植株。松鼠和乌鸦等动物有时候会将植物的种子带到新的地方，而散落在河边或海边的种子可能会被水流带到远方。

授粉

　　大多数植物通过风、动物和水 3 种媒介传播花粉。鸟类、蝙蝠、蝴蝶和蜜蜂等小动物能帮助许多植物授粉。花朵内部有一种甜甜的液体叫花蜜，这些小动物以花蜜为食。洋地黄等植物的花瓣上有蜜标，标出了花蜜的位置，可以引导小动物直接找到花蜜。

花粉掉落在雌蕊上。

花粉逐渐长大，发育成花粉管，一直延伸到雌蕊的子房中。

花粉与卵细胞结合，形成受精卵，并进一步发育成种子。

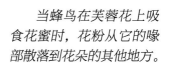

当蜂鸟在芙蓉花上吸食花蜜时，花粉从它的喙部散落到花朵的其他地方。

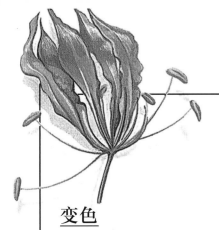

花朵的颜色

花朵的颜色在授粉过程中会起到重要作用。大多数花朵的颜色都很鲜艳，这样可以吸引蜜蜂、胡蜂、苍蝇、小鸟和蝙蝠等小动物驻足。花朵的授粉过程完成后，花瓣和雄蕊就失去了作用，因此它们纷纷凋零、脱落。

变色

完成授粉过程的百合花，花瓣会枯萎，颜色逐渐变暗淡。小昆虫们对这样的百合花失去了兴趣，因此会飞到别的花朵上吸食花蜜、传播花粉。

喜欢的颜色

不同颜色的花朵会吸引不同的动物。鸟类喜欢红色和粉色的花朵，比如三色堇。蜜蜂等大多数昆虫识别不到红色的花朵，它们喜欢黄色和蓝色的花朵，比如飞燕草。蝴蝶喜欢蓝色和紫色的花朵，比如醉鱼草。飞蛾习惯夜间出行，所以它们喜欢在傍晚时分或阴天开放的花朵，比如烟草花。

在阿尔卑斯山山麓的两侧，可以看到这种蓝色和紫色相间的小花。

生石花长在沙漠里，它们开出黄色和白色的花朵，这种长相奇特的植物被称为"沙漠之石"。

花朵与盾徽

中世纪时，骑士的手持盾牌上刻有不同的图案，表明自己所效忠的家族或组织，这种含有特定寓意的图案被称为盾徽。当时法国皇室的盾徽是一朵百合花。16 世纪初期，都铎玫瑰成为英国皇室频繁使用的徽章图案，这种设计将兰斯开特家族的红玫瑰和约克家族的白玫瑰巧妙地结合在一起，寓意着王朝的分与合。苏格兰盾徽上的图案是洋白蓟。

都铎玫瑰盾徽　　　　百合花盾徽　　　　洋白蓟盾徽

世界各地的颜色

在某些区域，有些特定颜色的花朵通常更常见。例如，分布在冰雪覆盖区域的花朵通常是白色的；分布在沙漠上的小花通常是黄色的，比如夜来香和金盏花；而在山区，则更容易见到龙胆花等蓝色花朵。

龙胆花的花冠呈筒状钟形，花朵为蓝色，多生长在光照适中、温度适宜的山区。

小苍兰

小苍兰原产非洲南部，喜欢高温、湿润的环境，花朵的颜色丰富多彩，花香也十分浓郁。

花朵的朋友

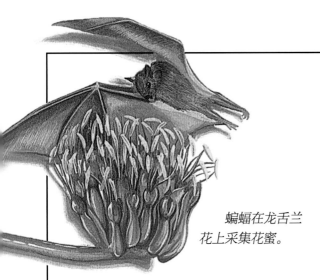

蝙蝠在龙舌兰花上采集花蜜。

昆虫授粉是最常见的授粉方式，而蜜蜂是其中最忙碌的授粉者。蜜蜂采集花蜜，并用花蜜制作蜂蜜。当鸟类、昆虫和其他动物取食花蜜时，花粉会沾到它们的喙上、茸毛上或腿上。当它们飞到另一朵花上时，身上的花粉会落到这朵花上，从而完成授粉过程。

授粉的哺乳动物

仅有少数哺乳动物会给花朵授粉。在热带地区，蝙蝠给香味浓烈的花朵授粉。在澳大利亚，有一种叫蜜貂的小动物以花蜜和花粉为食。

蜜貂趴在花朵上吸取花蜜，花粉沾到了它的皮毛上。

栖息地

栖息地是指许多动物和植物共同生存的家园，它们在那里活动、休息和繁衍。动物以植物为食，植物依赖动物授粉。如果植物消失了，动物无法生存；如果动物消失了，植物也会渐渐灭亡。

吸取花蜜

　　有些花朵的花蜜储存在长长的花粉管底部，为了吸食这样的花蜜，鸟类和部分昆虫的喙部长成了一些特别的形状。蜂鸟和太阳鸟的喙部长而弯曲，能够吸食倒挂金钟和耧斗菜的花蜜。很多蝙蝠和蝴蝶的喙部也很长，可以帮助它们吸食花朵深处的花蜜。

飞蛾夜晚出行，它们常常被烟草花的淡淡香味吸引。

吸引动物

　　花朵通过不同方式来吸引动物帮助它们授粉。其中，色彩鲜艳的花朵更容易被动物发现。有些花朵在晚上开放，会散发出浓烈的气味，吸引夜间出行的昆虫。蝴蝶的嗅觉很灵敏，它们喜欢气味芬芳的花朵。苍蝇喜欢臭臭的味道，它们容易被腐烂的植物吸引。洋地黄和金鱼草等花朵的形状比较特别，只有蜜蜂等昆虫才能吸取到它们的花蜜。

千奇百怪的花朵

有些花朵看起来像昆虫。开花时，蜂兰的形状酷似雌性蜜蜂，还能散发出迷人的气味，以此吸引雄性蜜蜂。有些兰花看上去像苍蝇或胡蜂。有一种热带灌木，能在同一植株上开出深蓝色、浅蓝色和白色3种颜色的花朵，因此被人赋予了昨天、今天和明天的寓意。

蜡花

夜晚开放的花朵

烟草花等夜晚开放的花朵，通常会散发出浓烈的气味。埃及莲花和蜡花会在晚上开出白色的花朵。

花朵的艺术

数千年来，艺术家们创作出许多关于花朵的画作，用来装饰房屋、宫殿、教堂和墓地。在日本，艺术家们喜欢用彩墨在丝绸或纸上画樱花。你也可以拿出纸和画笔，尝试创作一幅属于自己的花卉画！

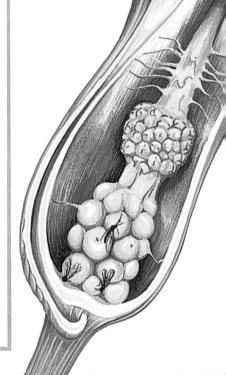

澳大利亚西部的
地下兰在地下开花。

野生海芋吸引苍蝇
进入花朵，以确保它们
身上会沾到花粉。

花朵的陷阱

为了确保花粉得到传播，有些花朵会引诱昆虫来觅食。巴西马兜铃吸引苍蝇进入花朵的内部，一旦苍蝇触碰到雄蕊，花粉就会沾到它们身上。当沾着花粉的苍蝇四处飞舞时，花粉同时也在四散传播。兜兰引诱苍蝇飞到花瓣上的洞口中取食，每当苍蝇想从另一边的洞口飞出去时，就要依次通过雄蕊和雌蕊。

模仿昆虫的花朵

有些花朵长得像雌性昆虫，让雄性昆虫误以为它们是自己的交配对象。当雄性昆虫在这些花朵上停留时，身上会沾到花粉；当它飞到另一朵伪装成雌性昆虫的花朵上时，身上的花粉会掉落，从而在不经意间完成授粉过程。

水生花

有些花朵生长在池塘、小溪和湖泊等淡水环境里，有些花朵生长在盐水中。水生百里香整个植株都在水下；睡莲扎根在水下，却在水上开花。

盐水花

盐分会使植物内部的水分加速蒸发。海滨碱蓬和猪毛菜生长在富含盐碱的土壤中，它们的嫩叶能储藏水分。猪毛菜叶子上的细毛也有助于锁住水分。有些花生长在海崖上，它们需要适应偶尔飞溅上来的含盐海水。

莲蓬下垂，成熟的荷花种子落到水里去。

水媒授粉

水也可以帮助植物传播花粉，播撒种子。荷花的种子是莲子，莲子藏在杯状的莲蓬中。莲子成熟后，莲蓬因重量而下垂，莲子逐渐掉落到水中，水流会将莲子带到其他地方。水生百里香的雄花浮在水面上，自动裂开后花粉散落在水面随波逐流，遇到雌花时便可以完成授粉过程。

自制水生花

首先，根据图 (a) 的提示，在彩色吸墨纸上画出一些花朵，然后把它们剪下来，在花朵的中间部位涂上其他颜色。根据图 (b) 的提示，用铅笔把每个花瓣卷起来。其次，把制作好的花朵放在一个盛满水的碗里。最后，你就可以看到花朵是如何在水中绽放的啦！

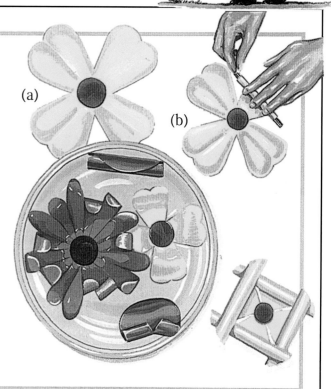

(a)

(b)

特殊的部分

莲花长长的茎部都是空的，里面的空气可以帮助它们直立在水中，这种中空的茎部还能将空气输送到水下的根部。像毛茛这样的水生植物，则会长出两种不同形状的叶子。

毛茛分布在水下的叶子呈羽毛状，分布在水上的叶子则是圆形的。

炎热和寒冷地区的花朵

热带沙漠地区和极寒地区有一些相似点，这些地方的降水量都很少。生长在这些地方的植物比较耐旱，不需要很多水分也能生长。春雨过后，沙漠地区的仙人掌等植物迅速开花；寒冷地区的夏季持续时间短，花朵会在这个季节竞相开放。

北极罂粟

蓝色龙胆花

虎耳草的花开在吸收热量的小团块上。

海狸鼠尾仙人掌

苔原植物

北极圈内一些非常寒冷且几乎没有植被覆盖的地方和某些山顶地段被称为苔原带。这些地方非常寒冷，一年中有 8~9 个月的时间被冰雪覆盖。当阳光照射到这些区域时，地面开始回暖，越冬的植物也渐渐苏醒。大多数苔原植物能存活数十年，它们的种子常常腐烂在寒冷的沼泽土壤中。

花朵的名字

　　你知道雏菊的名字是怎么来的吗？晴天时，雏菊的花瓣完全张开；阴天时，雏菊的花瓣有一半会闭合。人们发现这种现象后，便称它为"天气的眼睛"，在英语中连读就是雏菊。蒲公英的名字来源于法语，意思是狮子的牙齿，因为蒲公英的锯齿状叶子很像狮子的牙齿。

　　每到夜晚，牛眼雏菊的花瓣会闭合，看起来就像一个花骨朵。

冰叶日中花

沙漠植物

　　沙漠地区每年只下一两次雨，所以那里的植物有一个共性，它们的根部都很长，能尽量吸收足够多的水分。仙人掌用厚厚的茎部存储大量的水分，所以能够在沙漠中存活。仙人掌的花朵通常艳丽多彩，结出的果实也色彩缤纷。长寿花也是一种沙漠植物，叶子上覆盖一层蜡质薄膜，能储藏足够的水分。

炮弹树

树和树上的花朵

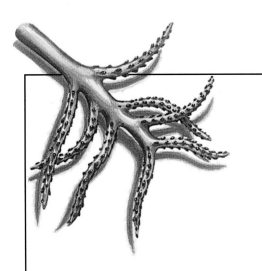

橡树和枫树的叶子宽阔而平坦，这种树被统称为阔叶树。所有的阔叶树都会开花。有些阔叶树的花朵很大很绚丽，比如玉兰树的花朵状似百合花。蜜蜂在花朵上采集花蜜，同时将花粉散播到别处，这可以帮助植物授粉。而且，用刺槐花和橘子花的花蜜制成的蜂蜜十分香甜。

棕榈树

棕榈树大多生长在气候炎热的热带地区，它们的花朵很小，通常成簇生长。贝叶棕开花时，能形成一串长达数十米的花丛。

土耳其橡树有毛茸茸的黄色雄性花序。

色彩暗淡的花朵

有些阔叶树的花朵颜色暗淡，隐藏在叶子后面。榛子树和橡树的雄性花序像谷穗一样，它们没有明亮的色彩和芬芳的气味，无法吸引蜜蜂或其他昆虫前来采蜜。但是，风吹拂着这些花序，也能将它们的花粉传播到别处。

结球果的树

有些树的叶子是鳞片状或针状的，这些树不会开出带有花瓣和子房的真花，它们会长出带有种子的球果。这些生长球果的树都是松柏科植物。一开始，这些球果长得像小花。紫杉树等松柏科植物不结球果，它们会长出明红色的杯状莓果。

紫杉树不结球果，它的枝条上长着鲜艳的杯状莓果。

国花

每个国家都有自己的国花，用来作为自己国家的象征。你知道中国的国花是什么吗？

金合欢

玉兰树开出的花像百合花一样。

花朵的作用

有些花朵可以拿来食用，比如花椰菜。有些花朵可以泡茶，比如菊花。玫瑰花的花瓣和薰衣草可以碾碎制成精油，精油可以治疗皮肤感染等疾病。花朵也可以用来装饰庭院和我们的房子。

花饰

夏威夷花环由鲜花和树叶编制而成，颜色绚丽，是当地人最喜欢的手工艺品。他们把花环戴在头上，挂在胸前，向朋友赠送花环也是当地的传统习俗。他们还会把花环戴到游客的脖子上，以表达欢迎之情。

香水和精油

玫瑰花、茉莉花和百合花等含香味的花朵可以制成香水。1升玫瑰精油要耗费10万多朵玫瑰花提炼而成。热带依兰树的花朵也可以用来制作香水。依兰树长在印度洋马达加斯加沿岸的小岛上，这个地方也因此被称为"香水岛"。

玫瑰花和紫罗兰的花瓣被糖水浸泡后，可以用来装点巧克力。

朝鲜蓟

21

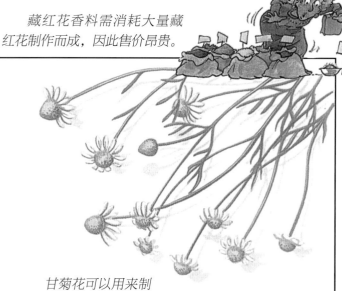

可食用的花

你知道吗？花椰菜和西蓝花都是花朵的一部分。朝鲜蓟是蓟类植物的花蕾。金盏菊和旱金莲的花瓣可以制成调料，撒在沙拉上调味。有些国家的人会食用瓜果植物的黄色花朵。有些香料是用花朵制成的。有一种调料叫丁香，就是用风干的花朵制成的。藏红花香料被称为"香料皇后"，它是由风干的藏红花的一部分制成的。

甘菊花可以用来制作味道清香的花茶。

花椰菜

要制作1千克藏红花香料，大约要消耗15万朵藏红花。

制作百花香

百花香是一种用干花、药草和香料等混合制成的香料。把它放在碗里，会散发出香甜的气味。收集玫瑰花、薰衣草、芳香天竺兰、勿忘我、金盏花和其他含有香味的花朵的花瓣和花蕾，并将它们风干。然后加入迷迭香和百里香等药草，再把这些混合物放到阴暗的地方。一段时间后，将干花混合物放到碗里，然后撒上鸢尾草的粉末，加上晒干的橘子皮、少许丁香调料和碾碎的肉豆蔻，百花香就制作完成啦！

西蓝花

22

有花植物的分类

有花植物可以分为两大纲：一种种子里有2个子叶，这就是双子叶植物；另一种种子里只有1个子叶，这就是单子叶植物。有花植物的分类还可以更详细，下面的列表展示了不同纲的开花植物的区别。虽然外表看上去差别很大，但同一纲的有花植物实际上有很多相似之处。不同的花朵有相同的特征，它们就能被分到同一类型中。

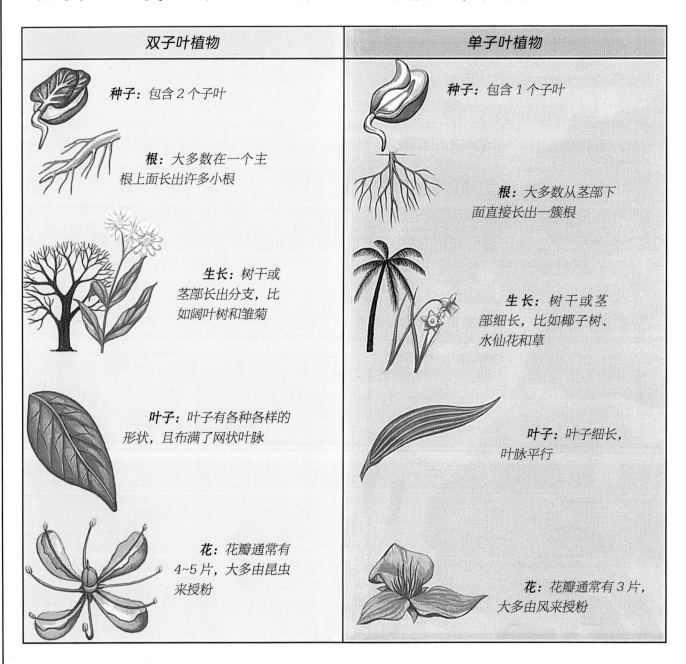

双子叶植物	单子叶植物
种子：包含2个子叶	**种子**：包含1个子叶
根：大多数在一个主根上面长出许多小根	**根**：大多数从茎部下面直接长出一簇根
生长：树干或茎部长出分支，比如阔叶树和雏菊	**生长**：树干或茎部细长，比如椰子树、水仙花和草
叶子：叶子有各种各样的形状，且布满了网状叶脉	**叶子**：叶子细长，叶脉平行
花：花瓣通常有4~5片，大多由昆虫来授粉	**花**：花瓣通常有3片，大多由风来授粉

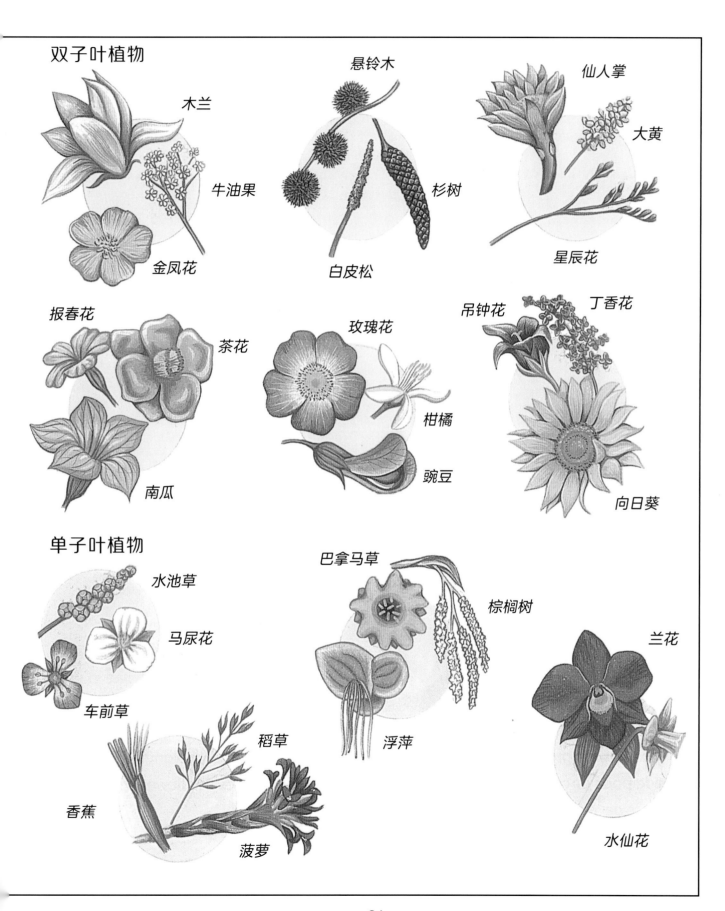

双子叶植物

悬铃木

木兰

仙人掌

大黄

牛油果

杉树

金凤花

白皮松

星辰花

报春花

茶花

玫瑰花

吊钟花

丁香花

柑橘

南瓜

豌豆

向日葵

单子叶植物

水池草

巴拿马草

棕榈树

马尿花

兰花

车前草

稻草

浮萍

香蕉

菠萝

水仙花

24

花朵日记

你可以把自己看到的花朵都记录下来，并写进你的日记本中。在日记本中画出你在周围看到的花朵，别忘了给它们上色哟！当然，你也可以在日记本中贴上干花或压花（制作方法见第5页）。记得不要随意踩踏野花，它们有可能是罕见的品种。如果你不知道花朵的名字，就先记住它们的细节，然后去查询参考书，或者问问家长和老师。下面列举了一些实用的例子，你可能也想把它们记录到你的花朵日记中。

季节

虽然大多数花朵都在春季和夏季开放，但其他季节也有不少花朵。

花朵的名字：
发现花朵的季节：
发现花朵的地点：

花朵的颜色

去花园或者附近的公园看一看，你能发现多少种颜色的花朵呢？

花朵的颜色：
花朵的名字：
花朵是否有香味：

种子

哪些花朵的种子藏在豆荚中，哪些花朵可以发育成新鲜的果实？

花朵的名字：
种子的位置：

开花和结果

春天，许多树纷纷开出花朵，这些花朵色彩绚丽、气味芬芳。它们都会结成果实吗？

树的名字：

花朵的颜色：

花朵是否有香味：

花朵是否结果：

花朵和蜂蜜

下次你到食品店时，留意观察一下不同品种的蜂蜜。有多少种蜂蜜是根据花朵的名字来命名的呢？

蜂蜜的名字：

花朵的名字：

来自哪个国家：

花朵的形状

哪些花朵的形状是一样的，它们分别是什么形状呢？

花朵的名字：

花朵的形状：

香水和精油

花朵可以制成食物，也可以制成花茶，还可以制成香水和精油。你可以在自己家中找一找，留意厨房和浴室等地方，看看能找到哪些由花朵制成的产品。

产品的名字：

发现产品的地方：

产品的成分：

产品的用途：

野花

哪些花朵生长在野外呢？这些野花可能十分罕见，千万不要随意踩踏它们。

野花的名字：

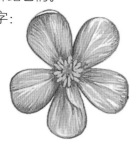

更多奇趣真相

当昆虫落在**捕蝇草**上时，它的叶子会迅速闭合起来将昆虫夹住。

蜂兰的形状、气味和颜色都与雌蜂一模一样，所以能够吸引雄蜂。

科学家尝试研制出了一些新的花种，有一些是**双生花**，有一些香味浓烈，还有一些能够抵御害虫。

牵牛花在早上开放，下午开始枯萎，晚上就完全闭合了。

蜜蜂是唯一能够打开**金鱼草**"下巴"的昆虫，它们还能飞到花朵里面吸食花蜜。

有些植物的花朵是钟状的，只有**刀嘴蜂鸟**才能帮助它们授粉。

向日葵迎着太阳生长，花朵随着太阳一起转动方向。

术语汇编

苞叶

花茎基部的叶子，用于保护芽体。

纲

生物分类法中的一级，位于门和目之间。

花冠

一朵花中所有花瓣的总称，颜色鲜艳，状似王冠。

花蕾

是指即将盛开但尚未盛开的花骨朵，即鲜花盛开前的状态。

花托

是花柄的顶端部分，一般略呈膨大状，具体形状因植物种类不同而各异。

花序

花序轴及着生在上面的花的统称，也可特指花在花序轴上的排列方式。

花序轴

又称总花轴或总花梗。对于不分枝的单生花来说，花序轴就是它的花柄；对于分枝的簇生花来说，花序轴是整个花序的中轴，即总花柄。

蜜标

许多花在花蜜的分泌部位呈现出与其他部分不同的颜色，或者花被上的斑点、花纹等与众不同，就像在花朵上标示出了分泌部位，这样的特殊颜色或花纹可以帮助昆虫找到花蜜，因此被称为蜜标。

球果

质化鳞片叶聚集而成的球形或椭圆形的果实，又称假果，多为松柏科植物的生殖结构。

授粉

花粉从植物的花药经由动物和风等传播到柱头的过程，是植物结出果实、孕育种子的必经过程。

穗状花序

一种无限花序，花序轴较长且直立，其上排列着许多无柄小花。

苔原

也叫冻原，是寒冷的永久冻土地貌，多处于极圈内的极地东风带，温度低，风速极快。生长在苔原上的植物一般为多年生的常绿植物，营养期短，生长过程十分缓慢。

吸墨纸

一种吸液纸，由化学木浆或棉布浆制成，吸水性强。

版权登记号：01-2020-4540

图书在版编目（CIP）数据

奇趣真相：自然科学大图鉴.1,花朵/（英）简·
沃克著；（英）安·汤普森等绘；韩菁菁译.－－北京：
中国人口出版社,2020.12
书名原文：Fantastic Facts About:Flowers
ISBN 978-7-5101-6448-4

Ⅰ.①奇… Ⅱ.①简…②安…③韩… Ⅲ.①自然科
学－少儿读物②花－少儿读物 Ⅳ.①N49②Q944.58-49

中国版本图书馆 CIP 数据核字 (2020) 第 159697 号

奇趣真相：自然科学大图鉴
QIQÜ ZHENXIANG：ZIRAN KEXUE DA TUJIAN

花朵
HUADUO

[英] 简·沃克◎著
[英] 安·汤普森　贾斯汀·皮克　大卫·马歇尔　等◎绘
韩菁菁◎译

责 任 编 辑	杨秋奎
责 任 印 制	林　鑫　单爱军
装 帧 设 计	柯　桂
出 版 发 行	中国人口出版社
印　　　刷	湖南天闻新华印务有限公司
开　　　本	889 毫米 × 1194 毫米　　1/16
印　　　张	16
字　　　数	400 千字
版　　　次	2020 年 12 月第 1 版
印　　　次	2020 年 12 月第 1 次印刷
书　　　号	ISBN 978-7-5101-6448-4
定　　　价	132.00 元（全 8 册）

网　　　址	www.rkcbs.com.cn
电 子 信 箱	rkcbs@126.com
总编室电话	（010）83519392
发行部电话	（010）83510481
传　　　真	（010）83538190
地　　　址	北京市西城区广安门南街 80 号中加大厦
邮 政 编 码	100054